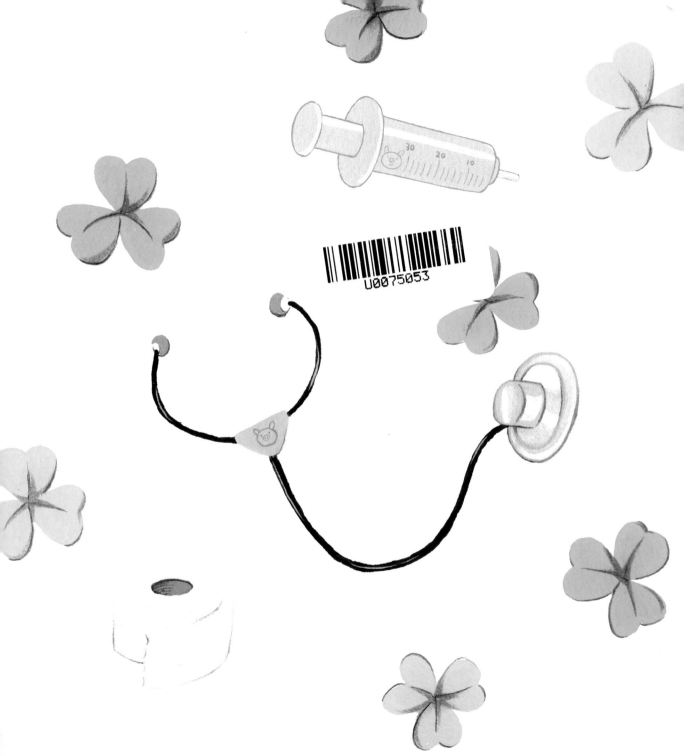

U0064807

這本書屬於：

繪本 0218

乖乖不怕打針

作繪者｜陳致元

責任編輯｜陳毓書　美術設計｜林家蓁　行銷企劃｜陳詩茵、吳函臻

天下雜誌群創辦人｜殷允芃　董事長兼執行長｜何琦瑜

兒童產品事業群

副總經理｜林彥傑　總編輯｜林欣靜　主編｜陳毓書　版權專員｜何晨瑋、黃微真

出版者｜親子天下股份有限公司　地址｜台北市 104 建國北路一段 96 號 4 樓

電話｜（02）2509-2800　傳真｜（02）2509-2462　網址｜www.parenting.com.tw

讀者服務專線｜（02）2662-0332　週一～週五：09:00~17:30

讀者服務傳真｜（02）2662-6048　客服信箱｜bill@cw.com.tw

法律顧問｜台英國際商務法律事務所 · 羅明通律師　印刷製版｜中原造像股份有限公司

總經銷｜大和圖書有限公司　電話：（02）8990-2588

出版日期｜ 2018 年 6 月第一版第一次印行
　　　　　 2022 年 4 月第一版第六次印行

定價｜ 280 元　書號｜ BKKP0218P　ISBN ｜ 978-957-9095-71-6（精裝）

訂購服務 ——————

親子天下 Shopping ｜ shopping.parenting.com.tw　海外 · 大量訂購｜ parenting@cw.com.tw

書香花園｜台北市建國北路二段 6 巷 11 號　電話（02）2506-1635　劃撥帳號｜ 50331356 親子天下股份有限公司

立即購買＞

乖乖 不怕打針

早上一起床，乖乖就覺得身體不舒服。不只頭暈還一直吐。

而且他吃不下最喜歡的草莓果醬三明治。

媽媽摸乖乖的額頭，
哇！ 有一點熱，
應該要趕快去醫院。

乖乖在醫院看到一個小孩，他邊跑邊哭的說：
「我不要打針。」
乖乖嚇了一跳。

輪到乖乖看診了，
護士阿姨先測量
耳溫。

接著，醫生伯伯
檢查乖乖的喉嚨、
聽聽肚子……

最後醫生伯伯說：
「乖乖不舒服，又一
直吐，要打針唷！」

乖乖聽到要打針，害怕的說：「我不要—— 我不要—— 我不要打針。」

我不要！

我不要！

我不要！

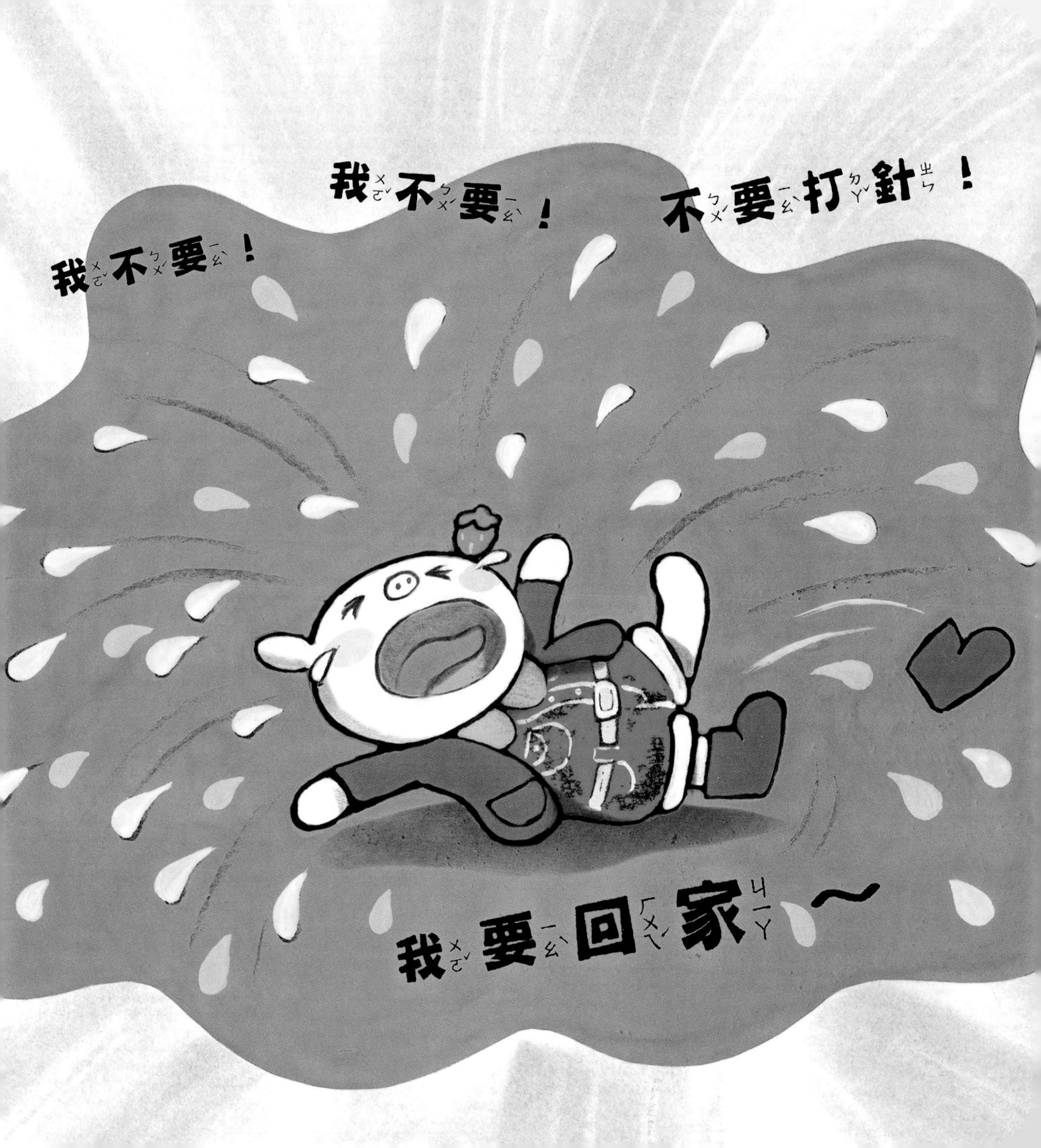
我不要！
我不要！
不要打針！
我要回家～

乖乖一直哭，一直哭。
媽媽牽著乖乖說：「我們先去休息一下吧！」

媽媽等乖乖不哭了，
再幫乖乖穿好鞋子。

乖乖說：「我怕打針。」
媽媽抱著乖乖說：「打針會讓生病快快好，
會有一點刺痛，像指甲刺一下。」

媽媽說：「如果乖乖勇敢打針， 就可以快點好！」

乖乖想了一下， 說：

「嗯， 我要勇敢打針！」

乖乖還是有點害怕，所以
媽媽陪乖乖練習打針。
乖乖閉上眼睛，深吸
一口氣，媽媽說：「一點點
痛，像指甲刺一下。」

結果，乖乖笑出來了，沒有想像的這麼痛嘛！

刺刺的！
癢癢的！

換乖乖假裝幫媽媽打針。媽媽也說：「好刺！好癢！」

現在，護士阿姨要幫乖乖打針了。
先用棉花在手臂上消毒，「要打針了唷！」
乖乖緊緊的抱著小熊……。

護士阿姨親切的說：
「不用緊張，放輕鬆，
像指甲刺一下就好了！」

「乖乖很勇敢！」護士阿姨說。
乖乖笑著說：「因為我有和媽媽
練習打針了。」
護士阿姨說：「這是藥水，記得
多漱口，常洗手唷！」

回家的路上，乖乖看著手上的小紅點，
已經不痛了。

一回到家，喝完藥水，
乖乖就躺在床上睡著了。

起床後，乖乖感覺好多了。乖乖覺得護士阿姨和醫生伯伯好厲害，幫人看病、打針，感冒就會快快好。

乖乖小兒科

小河馬今天怎麼了？
哪裡不舒服？

先幫你量體溫。

要打針了唷！要勇敢，
只有一點點痛，像指甲刺一下。

藥水記得帶回家喝，
草莓口味，不會苦。
記得多漱口，常洗手

啊！張開嘴巴！
嗯嗯，喉嚨腫腫的。

聽聽肚子，
咕嚕、咕嚕—
我知道了！

好勇敢！

生病快點好，
才能一起玩！

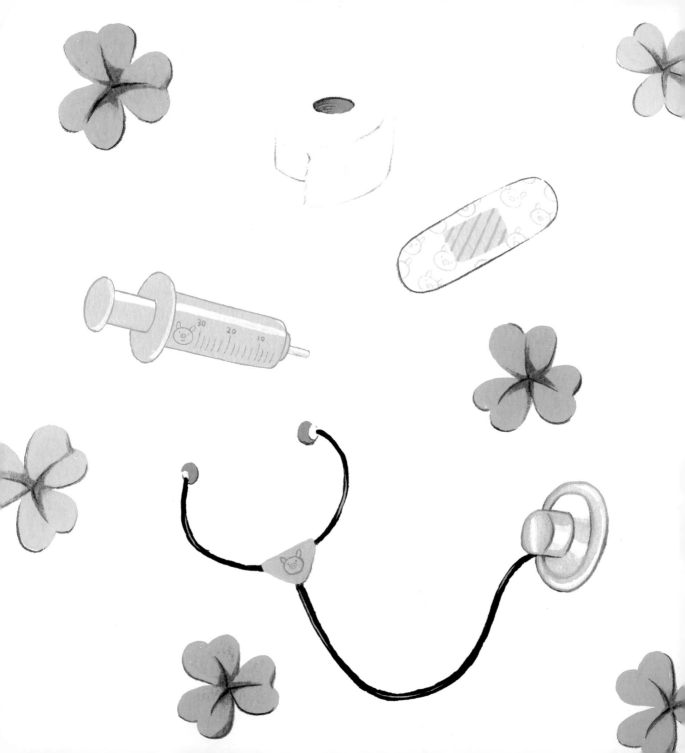